ワクワク探検シリーズ

② かけがえのない地球

ゆまに書房

出発

大洋と大陸

さあ、発見の旅に出かけよう！　地球内部の奥深くから、空高く地球をおおう大気圏のてっぺんまで、どれほど命知らずの探検家でもたどり着けない場所へ。私たちの地球が、なぜ、これほど活動的で、たくさんの命に満ちあふれているのか、そして、なぜ、とても傷つきやすいのか、そのわけが見つかるだろう。

宇宙からながめると、地球という惑星は大きな青いビー玉のように見える。それは、地球の表面のおよそ４分の３が水におおわれているからだ。残りは陸地で、「大陸」とよばれる、７つの大きな陸塊（陸のかたまり）に分けられる。その周りには、数え切れないほどたくさんの小さな島があるんだ。

北アメリカ大陸

大西洋

アフリカ大陸

太平洋

南アメリカ大陸

南極海

南極大陸

青い惑星

地球上の水の約97%は、海水だ。湖や川の水のように、塩分をふくまない淡水は、氷河などの氷をのぞけば、地球上の水の1%もない。世界の海洋は、本当は１つだ。けれども、「大洋」という、大きな５つの水域に分けられ、それぞれ、太平洋・大西洋・インド洋・北極海（北極洋）・南極海（南極洋）とよばれている。それ以外のもっと小さな海水域は、「海」（または内海）というんだ。

地球の表面

淡水

陸地

海水

水生生物

地球上の生き物の生活場所は、なんと99%が水の中だ。陸地では、地下数メートルから木々のてっぺんまでの範囲に、動物や植物がくらしている。海洋の場合、浅い層から最も深い層（チャレンジャー海淵は深さ約11㎞！）まで、どの深さにも生き物がいる。

７つの大陸

「七大陸」といっても、実は巨大な島が７つあるわけじゃない。北アメリカ大陸と南アメリカ大陸、アフリカ大陸とアジア大陸は、それぞれ、地峡とよばれる細長い形をした陸地でつながり、ヨーロッパ大陸とアジア大陸は、実は、ユーラシア大陸という、１つの大きな陸塊なんだ。残りの２大陸は島だ。

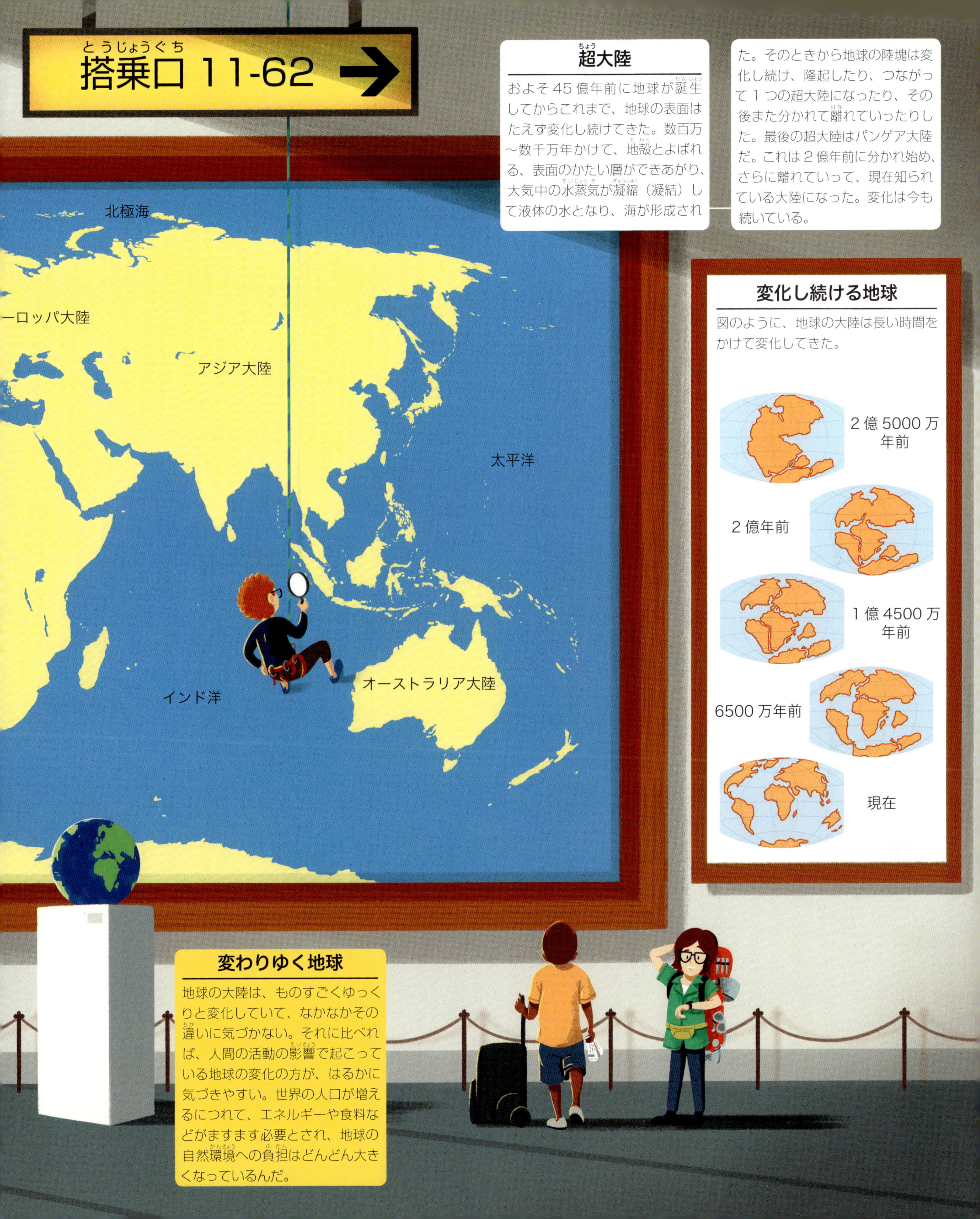

搭乗口 11-62
超大陸
およそ45億年前に地球が誕生してからこれまで、地球の表面はたえず変化し続けてきた。数百万～数千万年かけて、地殻とよばれる、表面のかたい層ができあがり、大気中の水蒸気が凝縮（凝結）して液体の水となり、海が形成された。そのときから地球の陸塊は変化し続け、隆起したり、つながって1つの超大陸になったり、その後また分かれて離れていったりした。最後の超大陸はパンゲア大陸だ。これは2億年前に分かれ始め、さらに離れていって、現在知られている大陸になった。変化は今も続いている。
北極海
ーロッパ大陸
アジア大陸
太平洋
インド洋
オーストラリア大陸
変化し続ける地球
図のように、地球の大陸は長い時間をかけて変化してきた。
2億5000万年前
2億年前
1億4500万年前
6500万年前
現在
変わりゆく地球
地球の大陸は、ものすごくゆっくりと変化していて、なかなかその違いに気づかない。それに比べれば、人間の活動の影響で起こっている地球の変化の方が、はるかに気づきやすい。世界の人口が増えるにつれて、エネルギーや食料などがますます必要とされ、地球の自然環境への負担はどんどん大きくなっているんだ。

世界を旅するために

私たちは、正確な地図と、人工衛星で位置を測る高度な技術のおかげで、自分が今いる地球上の位置をぴたりとつき止めることができるし、どんなに遠く離れた場所への行き方でも見つけることができる。

でも、昔からそうだったわけじゃない。数千年もの間、世界は「平面」だと信じられてきた。ヨーロッパの人々は、1492 年になるまでアメリカ大陸に近づくことはなかったし、オーストラリア大陸には、なんと 1606 年まで行ったことがなかったんだ！　数百年にわたって、命知らずの探検家たちが、文字どおり未知の世界へ旅に出かけ、発見した土地の地図を一からつくっていった。この英雄たちの努力に、最新技術の進歩が加わったおかげで、私たちは今、はるかにくわしく世界をイメージできるんだ。

方角を教える星

羅針盤や人工衛星がない時代、旅人は行く方向を定めるのに星を利用していた。北半球で北の方角を探すには、北極星として知られる「ポラリス」という恒星が利用できる。この星は、いつでも北極点のほぼ真上にあるんだ。南半球では、南十字星とよばれる星座が、南の方角を知る手がかりになる。

人工衛星の利用

私たちの時代は、自分の正確な位置を知るために、GPS（全地球測位システム）受信機が使える。カーナビやスマートフォンにも備わる、この受信機は、上空にある 4 基以上の GPS 衛星との距離をそれぞれ計算して、その情報をもとに受信機の位置を推測する。

さまざまな地図

地図には、さまざまな特徴が記号や線や色などで表されている。各地図には、その記号などが何を示すのかを説明する「凡例」がそえてある。

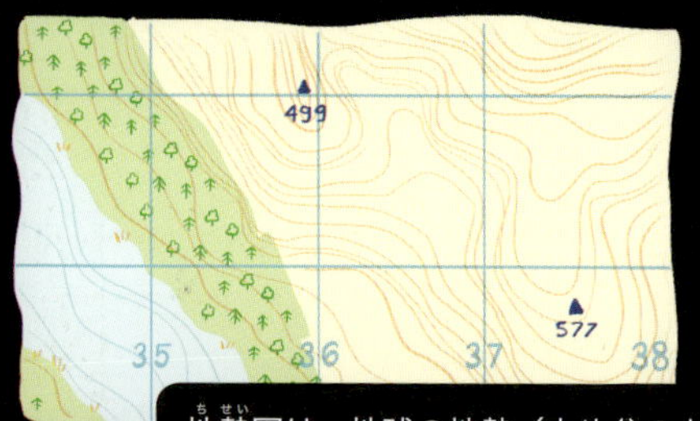

地勢図は、地球の地勢（山や谷のような土地全体のありさま）を表している。

政治地図は、国と国との境界線を示している。

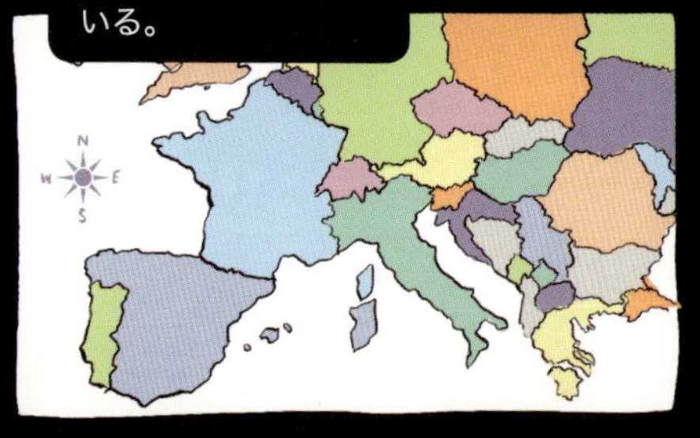

この地図は、それぞれの場所の人口を示している。

緯度と経度

地球上のどの地点にも、その位置を示す“住所”のようなものがある。これは座標とよばれる、2つの数字で示される。最初の数字は「経度」で、その場所がどれくらい東（または西）にあるかを、2つ目の数字は「緯度」で、その場所がどれくらい北（または南）にあるかを、それぞれ角度で表している。

経度と緯度がわかればその場所が特定できるんだ。同じ緯度の地点を結ぶ線を「緯線」、経度の場合は「経線」という。緯度0°の基準線は赤道（地軸に直角に地球を半分に切ったときの切り口の円）で、緯線はすべて赤道に平行だ。それに対し、経線は、すべてが北極点と南極点を通り、赤道に直角に交わる線（子午線）で、経度0°の基準線は本初子午線という。

時刻と場所

経線は、本初子午線を基準として、ある場所とそこから離れた場所との時差を教えてくれる。時刻は、西へ経度15°進むごとに1時間遅れていく。そして、本初子午線の地球の反対側にあたる、太平洋の真ん中を通る国際日付変更線まで行って、それを東から西に越えるときは、1日進むんだ。

北極点と南極点

北へ北へと、あるいは南へ南へと、行けるだけ行ってみよう。そうすれば、いつかは北極点、または南極点にたどり着く。でも、そこに大きな地軸（地球が回転するときの軸）の棒がつき出ている、なんて本気で期待しないように。

北極点と南極点は、地軸と地表が交差すると考えられる地点で、実際にそこに何かがあるわけじゃないんだ。地球は24時間ごとに1回、回転（自転）している。だから、1日の長さは24時間になっている。その間、地球の大部分の場所には、昼と夜が訪れる。でも、北極や南極ではそうはいかない。地軸がかたむいているために、軸の両端にあたる極地では、1年に日の出と日の入りがそれぞれ1回ずつしか見られない。昼間が6カ月、その後に夜が6カ月続くんだ。

かたむいている地球

地球は、コマのように地軸を中心に毎日1回自転しながら、太陽の周りも回っている。これを公転といい、地軸はこの公転面に対して垂直ではなくかたむいているため、北極点は、半年間は太陽から離れる方向を向き、残りの半年間は太陽に近づく方向に向く。南極点ではその反対のことが起こる。この地球のかたむきのおかげで季節があり、北半球で夏のとき、南半球では冬になる。

地球は365日あまりで、太陽を中心に公転している。だから、1年は365日の長さになっているんだ。

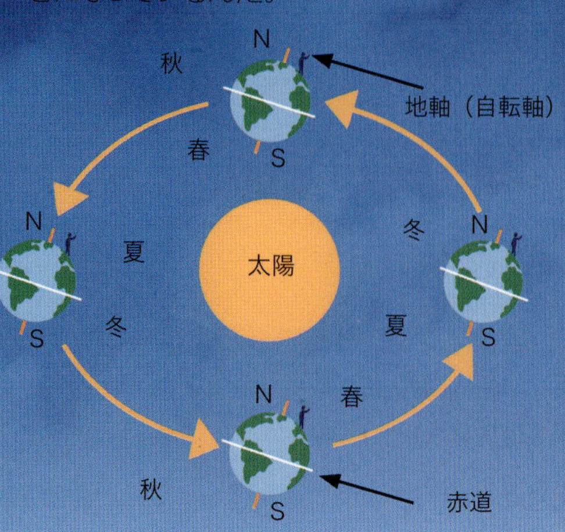

北極点

北極点は、北極海の真ん中にある。北極海の海水面は、数百万年もの間、凍り続けている。氷冠とよばれる、この氷は、ホッキョクグマやアザラシや鳥のすみかで、氷の下にはクジラや北極圏に住む魚が泳いでいる。

解けていく氷冠

氷冠とよばれる、北極の氷は、長い冬の間に海がさらに氷でおおわれるため大きくなり、比較的暖かい夏になると、解けてもとの大きさにもどっていく。でも、最近では地球の平均気温が高くなってきたため、氷冠が減ってきている。海の氷や陸上の氷河が以前よりも多く解けたり、海水が熱でぼう張したりすることで、地球全体の海水面が上がり始めている。

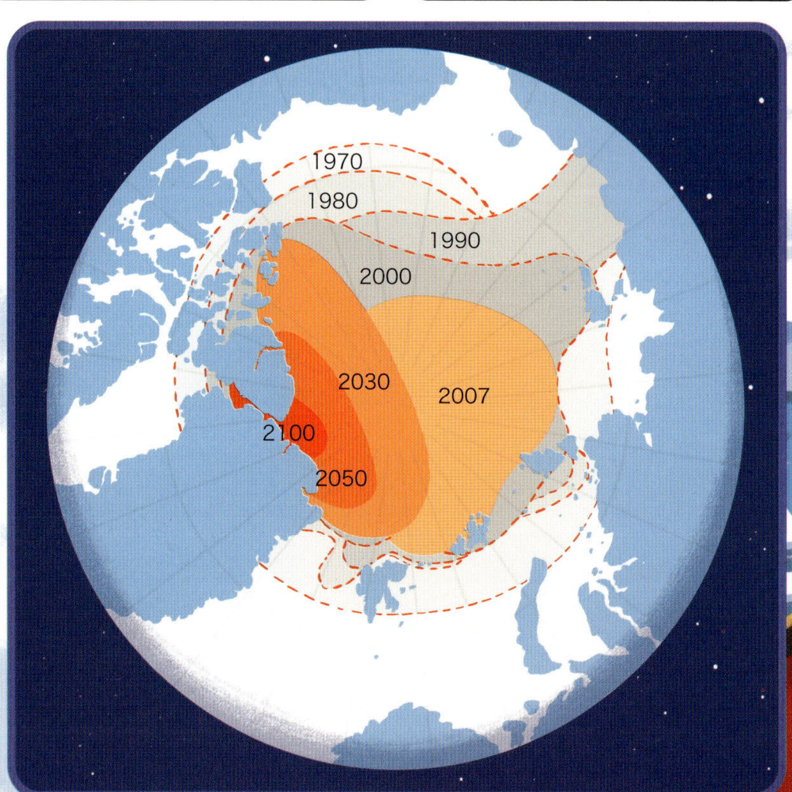

この図は、1970年以降、北極の氷冠がどれほど急激に小さくなっているかを示している。見てわかるとおり、このままでは、2100年までに氷冠はほとんどなくなってしまうだろう。

南極点

南極点は、南極大陸という、氷におおわれた広大な陸地の上にある。南極点周辺は地球上で最も寒い場所で、－80℃を下回ることもある。寒さに強いペンギンでさえ、その辺りには近づかない。南極点に住む生き物は、アムンゼン・スコット基地の研究者たちだけだ。

氷床コア

研究者たちは、数万～数十万年前にできた氷床のサンプルを集め、長い年月の間に起こってきた地球の変化を調査している。氷の中に閉じこめられた空気のあわを調べると、昔の地球の大気にふくまれていた気体や、昔の地球の温度などがわかるんだ。

勇かんな探検家たち

南極点に最初に到達しようと競ったのは、ノルウェー人のアムンゼンとイギリス海軍大佐のスコットだ。アムンゼンの探検隊は、スコットたちよりも１カ月早く、1911年12月に南極点に到達した。スコットとそのメンバーは、南極点に到達したものの、残念なことに、もどる途中で恐ろしいほどの寒さに命を落としたんだ。

赤道

南極の長い冬で冷えきった体をどうしても温めたいって？　だったら、地球上で最も極地から遠く離れた場所、赤道に向かおう。

赤道は、地軸に直角に地球を北半球と南半球の2つに分ける、地球を一周する大円の線で、緯度0°の基準線になっている。ただし、この線は実際にあるわけじゃない。赤道上の地域では、太陽の光が最も垂直に近い角度でふりそそぐ。太陽がほぼ真上を通ることに加え、地球のかたむきが気温や昼間の長さにおよぼす影響が少ないことから、季節の変化がほとんどないんだ。

太陽を追ってみよう

赤道上は、日の出と日の入りにかかる時間が、地球上のどの場所よりも短く、昼間から夜に変わるのにほんの数分しかかからない。一年中毎日、太陽はだいたい午前6時に昇り、だいたい午後6時にしずむ。一年に2回、3月20日（または21日）と9月22日（または23日）に、太陽が赤道のちょうど真上にくる。昼と夜の長さが同じになる、春分と秋分だ。

高温多湿

赤道上はいつも晴れているわけじゃない。暑い日ざしで海水が蒸発し続け、それが強い雨となってもどってくるからだ。このむし暑い気候は熱帯雨林には理想的で、そこは動物や植物の宝庫だ。熱帯雨林は、ほとんどが赤道近くにあり、地表全体にしめる割合は、2%足らずだ。なのに、地球上のすべての植物や動物の種の半分以上が、この熱帯雨林をすみかにしている。

自転の効果

地球が自転していることで、赤道上にはおもしろいことが３つ起きている。

1. 自転の遠心力によって、地球の中心部は外側にふくれる。だから、地球は２つの極（南北）方向よりも赤道方向が長い、やや平べったい形になっている。

2. 赤道上は、重力が地球のどの場所よりも小さい。

3. 赤道上では、地表の自転速度が地球のどの場所よりも速い。宇宙機関は、ロケットの打ち上げをなるべく赤道近くでおこなおうとする。地球の半径が長い場所ほど、わずかでも宇宙に近いし、重力が小さいほど、打ち上げる力が少なくてすみ、東向きに発射する場合、自転速度が速いほど、ロケットのスピードにその運動エネルギーがプラスされるからだ。

大気

地球は、まるで毛布につつまれるように、「大気」とよばれる気体に取り囲まれている。もし、大気がなかったら、私たちはこの地球に存在していないだろう。

宇宙は危険な場所だ。恒星は有害な放射線を放っているし、小さな天体が惑星にぶつかることもある。また、恒星からとどく熱がすっかりなくなったら、惑星はまちがいなく凍りついてしまうだろう。大気は、私たちを守るために必要なんだ。それに、私たちがこうして生きのびているのは、大気にふくまれる酸素と水のおかげでもある。これらの重要な成分がなかったら、地球上に生き物はほとんどいなくなるだろう。

大気の層

大気は、重力によって地球の周りにとどまっている。そして、地表に近いほど、上にたくさんの大気がのしかかるので、押しつぶされて濃くなっている。大気圏（大気のある範囲）は、上空およそ1万kmの高さにまでおよぶ。大まかに５つの層に分けられ、高度が上がるにつれ、大気はうすくなっていく。

2. 成層圏では、雲の上を飛行機が飛んでいる。ここにはオゾン層とよばれる重要な気体の層がある。

1. 対流圏では、さまざまな気象現象が起こっている。

地表付近の大気、つまり空気のおもな成分は、ちっ素（78％）と酸素（21％）だ。そのほかに、水蒸気、二酸化炭素、メタン、亜酸化ちっ素、オゾンなどの気体がふくまれている。

温室効果

温室のガラスは、太陽からの熱を温室内に通しつつ、その熱が必要以上に外に出ていくのを防いでいる。地球の大気も同じような働きをしている。もし、この温室効果がなかったら、地球の熱は宇宙ににげてしまい、私たちはみな、凍りついてしまうだろう。現代になって、人間は、大気中の温室効果ガス（特に、二酸化炭素）を必要以上に増やし、地球の温度上昇をまねいている。それは、化石燃料（石炭・石油・天然ガス）を燃やしたり、二酸化炭素を吸収する森林を切り倒したりしてきたせいだ。

地球を守るバリア

太陽などの恒星は、あらゆる種類の有害な放射線や光を放っている。でも、ありがたいことに、地球の大気がバリアのような働きをして、それらが地球に届くのをほとんど防いでくれている。特に、オゾン層は、紫外線をさえぎるのに重要な働きをしている。それでもまだ、地球には、小さな天体やすい星や宇宙ゴミが衝突してくる危険がある。大気は、それらが地球にたどり着く前にその大部分を燃やしつくして、この点でも私たちを守ってくれているんだ。

5. 外気圏には、地球の周りを回る、人工衛星が送られている。

4. 宇宙開発の分野では、熱圏が宇宙の始まりだ。国際宇宙ステーションはこの高さで地球の周りを回っている。

3. 中間圏は最も温度の低い層で、ここにはロケットでしかたどり着けない。

太陽に近づくはずなのに、対流圏では高度が上がるほど温度が下がるのはなぜだろう？

まず、太陽は地表を温め、地表が周りの空気を暖めているからだ。さらに、高度が高くなるほど空気はうすくなるため、保てる熱の量が少なくなるのも原因の１つだ。

大酸化事変

地球の大気中に酸素があるのは、ごく小さなシアノバクテリアのおかげだ。地球の歴史の前半は、酸素のない世界だった。その後、この顕微鏡でしか見えないほど小さな生き物が現れ、自分で栄養をつくり出すために始めたのが「光合成」だ。それは、太陽の光を浴びて水と大気中の二酸化炭素から自らのエネルギーを生み出し、その廃棄物として酸素を放出するものだった。その結果、24億5,000万年前ごろには、地球上に大量に増えたシアノバクテリアが、大気中のおもな気体になるほど、たくさんの酸素を生み出すようになったんだ。

天気

天気が自分の思いどおりにできたら、最高だと思わないか？　自分の誕生日に絶対雨をふらないようにすることもできるし、学校を休みにしたいと思ったら、いつでも雪をふらせることができるんだ！

農作物の栽培と収穫にとって、適切な時期に適切な天気になることがとても重要なのは、いつの時代も変わらない。昔から、人々は望み通りの天気になるよう願って、雨ごいのおどりなどの儀式をしてきた。でも、天気の予測はなかなかむずかしいし、天気をコントロールするのはほとんど不可能だ。

さまざまな天気の要因

さまざまな天気をもたらす、おもな要因は太陽だ。天気を晴れにするだけでなく、風や雲が生まれるのも太陽の働きなんだ。さらに、空気と水も、天気に重要な役割を果たしている。ある広いエリアの空気が他の場所よりも暖められると、空気の流れが起こり、これによって風が発生する。また、太陽が海水を温めると、大気中にたくさんの水の粒がうかび、これが雲をつくり出すんだ。

雲

雲は、太陽が地球上の水を温めることによって生まれる。温められた水は水蒸気となって空にのぼっていく。上空で冷やされた水蒸気は水の粒に変わり、大気中にうかぶ。雲は、このような水の粒（雲粒）の集まりだ。雲粒どうしがくっついて重くなると雨粒として落ちてくる。こごえるような天気では、雲粒の氷の小さな結晶がくっつき、雪として落ちてくる。また、大きな積乱雲の中では、雲粒が空高く送られて凍って氷の粒になり、あられやひょうとなって落ちてくる。

層雲は、空全体を低く長く、シートのようにおおっている。

高積雲と高層雲は、大気の中層にうかんでいる。

巻雲は、氷の結晶でできた、うっすらとハケで描いたような雲だ。

積乱雲は、空高く上向きに大きく発達した雷雲だ。

積雲は、低い空にできる、綿のような雲だ。

乱層雲は、暗い灰色のシートのように空全体をおおい、雨をふらせる。

異常気象

ものすごく悪い天候は、人々の生活に大きな影響をおよぼすことがある。豪雨は、道路や線路や家をのみこむ洪水になりかねない。暑い日ざしが長く続くと、干ばつになり、作物が育たず、動物が食べるものもなくなり、人々は飢えてしまう。地球温暖化の影響で、前よりも異常気象は増えている。海水や大気の温度が上がれば、大気中の水の粒が多くなり、より大きな積乱雲が生まれる。この雲が発達すると、他ではまったくふっていないのに、その場所だけ急に雨や雪がふるようなことが起こるんだ。

天気予報

気象予報士は、なぜ、明日の天気がわかるのだろう？　といっても、正確にわかるわけじゃなく、あくまで推測でしかない。気象予報士は大気のさまざまな状態を測り、これまでに起こったこととその結果を比べて、この先に何が起こるかを示すパターンを探すんだ。その測定には、たとえば、こんな道具が使われている。

- 「ふき流し」は、風向き（たなびく方向でわかる）と風の速さ（風が強いほど、ふき流しが水平に近づく）を測るのに使われる。
- 「温度計」は、気温を測るのに使われる。
- 「気圧計」は、気圧を測るのに使われる。気圧が低くなると、嵐のような風や雨になる。気圧が高くなると、晴れて乾いた天気になる可能性が高い。
- 「雨量計」は、一定の時間内にふる雨の量を測るのに使われる。

風

風には、そよ風のような弱い風もあれば、家をふき飛ばすような強い風もある。風の強さは、「ビューフォート風力階級」という、0～12の階級で表される。この数字が大きくなるほど、風速が速くなる。そして、何かがふき飛ばされる可能性も高くなるんだ！

気候

自分が住んでいる場所の天気が、月によって、あるいは一年を通してどんな特徴があるか、知っているだろうか？　毎日の天気予報がいつもあたるとは限らない。ほとんどの場合、総合的な天気のパターンの方がはるかに信頼できる。ある地域の長い期間の特徴的な天気のパターンを「気候」というんだ。

氷におおわれた極地（北極・南極）から、大陸の乾燥した内陸部・寒い山岳部・暖かい海岸部、そして、暑くてほとんど毎日雨がふる、赤道近くの熱帯の気候まで、気候は世界中でかなり違いがある。

このように、地球にさまざまな気候があるのは、おもに、場所によって太陽による地表の温め方に違いがあるからだ。赤道上と極地との温度差は、気流とよばれる、冷たい空気と暖かい空気の力強い流れを生み出している。このような気流が、風のふく方向や、天気がうつり変わる方向を決めている。また、住んでいる場所の標高や、海からどれくらい離れているかといったことも、その場所がどんな気候になるか、に大きく関係しているんだ。

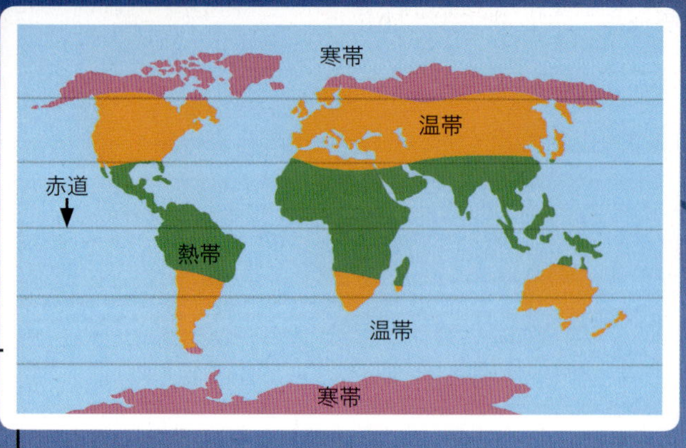

気候帯

寒帯は、北極および南極周辺の地域で、暖かい夏はなく、いつでも部分的に氷におおわれている。温帯は、寒帯と熱帯の間に広がり、焼けつくような暑さや凍りつくほどの寒さはない。温帯では、春・夏・秋・冬という、はっきりと区別できる四季がある。雪のある冬を経験したいなら、高い山の多い地域に向かおう。乾燥した暖かい夏がいいなら、地中海沿岸やアメリカの西海岸に行ってみよう。赤道近くにある熱帯には、湿気の多い熱帯雨林や乾燥した砂漠があり、一年中暑い。

気候に合わせた工夫

世界中の人々は自分が住んでいる土地の気候にうまく合わせて生活してきた。たとえば、暑い国では、長くてゆったりとした明るい色の服を着て、体をすずしく保っている。寒い国では、冬の外出には、毛皮のコートや帽子など、しっかりとした寒さ対策をし、断熱性の高い家を建てて、体を暖かく保っている。暑い国々の中には、シエスタといって、一日で最も暑い時間帯に2時間ほど仕事を休みにし、場合によっては、昼寝をする習慣がある。そのあとは元気が出て、すずしくなる残りの時間の仕事がはかどるんだ。

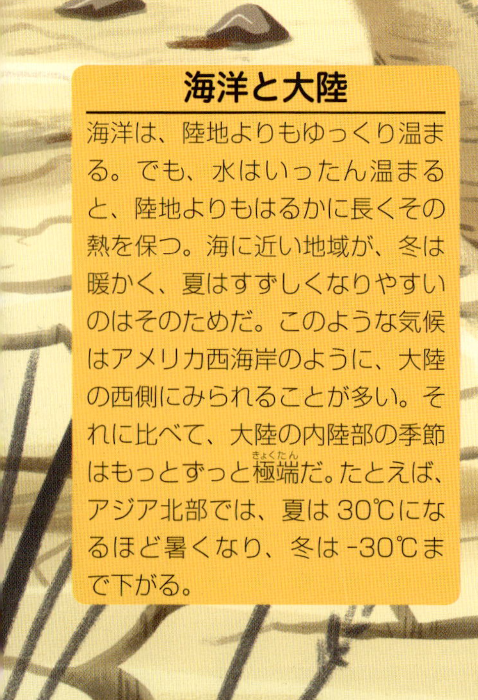

海洋と大陸

海洋は、陸地よりもゆっくり温まる。でも、水はいったん温まると、陸地よりもはるかに長くその熱を保つ。海に近い地域が、冬は暖かく、夏はすずしくなりやすいのはそのためだ。このような気候はアメリカ西海岸のように、大陸の西側にみられることが多い。それに比べて、大陸の内陸部の季節はもっとずっと極端だ。たとえば、アジア北部では、夏は30℃になるほど暑くなり、冬は -30℃まで下がる。

湿潤と乾燥

赤道近くにある熱帯雨林は、一年を通して暖かく、雨が多い。でも、それよりやや北（または南）の内陸部に向かうと、地球で最も暑く最も乾燥した気候になる。雨は森林や海岸や山にふってしまい、内陸部は太陽の日ざしでカラカラになる。だから、サハラ砂漠やカラハリ砂漠のような、広大な砂漠に変わってしまったんだ。熱帯の中

でも、湿気の多い気候と乾燥した気候が混ざっているところでは、一年のうちに、雨がとても多い「雨季」と、まったく雨がふらない「乾季」がある。シマウマやゾウなどの動物の群れは、乾季に長旅に出かけ、川や水たまりを探すんだ。

気候変動

地球の長い歴史の中で、気候はずっと変化し続けてきた。氷河期という、寒い時代もあったし、氷河がまったくない、暖かい時代もあった。地球の一部が氷床におおわれる時代を氷河期という。だから、私たちはまだ氷河期にいるんだ。しかし、氷河は解け始めている。地球温暖化の原因の少なくとも一部は、人間の活動だ。

生態系

地球には、200万種を超える、たくさんの種類の生き物がくらしている。このような動物や植物は、生き残りをかけて、おたがいや周りの環境と関わり合い、たより合っている。そうやって、たがいにつながりのある「生態系」というネットワークの中で生きているんだ。

生態系には、庭の池のように小さなものも、森のように大きなものもある。その中でくらす生き物は、バラエティに富んでいる。1つの生態系の中では、それぞれの生き物だけでなく、日光や水といった環境条件もふくめて、すべてが役割を果たしている。でも、それまでいなかった生き物が入ってきたり、環境が変化したりすると、その生態系がこわれるおそれがあるんだ。

食物連鎖

すべての生き物は、成長したり、動いたり、数を増やしたりするのに、エネルギーがなくてはならない。生態系が成り立つためには、その中にエネルギーの流れが必要なんだ。植物や藻類は、太陽からエネルギーを手に入れる。草食動物は植物を食べることでエネルギーを取り入れる。そして、肉食動物は動物を食べることでエネルギーを得る。このようなつながりを「食物連鎖」という。

きびしい環境

生き物は、どんなにきびしい環境でも、うまく合わせて生きている。日光が届かないほど深い海には、有毒ガスや高温の熱水をふき出す海底のわれ目があって、熱水噴出孔とよばれている。おどろくことに、このわれ目にさえバクテリアが適応して生きている。そして、大きなチューブワームや二枚貝やエビといった、ほかの生き物のえさになっているんだ！

生産者

この池の食物連鎖は、水中の草や藻類で始まる。太陽の光を使って、自分で自分の栄養をつくり出すことから、植物や藻類は「生産者」とよばれている。

生態ピラミッド
食物連鎖はピラミッドの形で表されることがある。これは、植物の方が草食動物より数が多く、草食動物の方が肉食動物よりたくさんいることを示している。
第三次消費者は、第二次消費者を食べる
第二次消費者は、第一次消費者を食べる
第一次消費者は、生産者を食べる
生産者は、日光を受けて自らのエネルギーをつくり出す
最上位捕食者
どの食物連鎖の頂点にも最上位捕食者がいる。この池の生態系の場合は、サギだ。この鳥の捕食者（他の動物をとらえて食べる動物）はここにはいない。
消費者
昆虫、魚、カエル、鳥などは、食物連鎖のつながりの中では「消費者」とよばれる、生産者の次の段階のなかまになる。最初に、「第一次消費者」といわれる草食動物（小さな昆虫や小魚など）が、植物や藻類を消費する（食べる）。次に、「第二次消費者」といわれる肉食動物（大きな魚やカエルや鳥など）が草食動物を消費する。第二次消費者を食べる肉食動物は「第三次消費者」というんだ。
分解者
バクテリアや菌類は、食物連鎖のつながりの最後であり、また、新たなつながりの始まりでもある。死んだ植物や動物を分解し、土に変えるから、新しい植物が成長できるんだ！

生物群系

地球は、おもに気候の違いに応じて、およそ10種類のものすごく広いエリアの生態系に分けられる。これらは「生物群系」とよばれている。

ある地域の気候や地形が、ある種類の動物や植物に特によく合っている場合がある。ラクダは暑くて乾燥した砂漠が一番ここちよく過ごせるし、バナナには、熱帯雨林のような暑さとたくさんの雨が欠かせない。ほとんどの生物群系は、「熱帯多雨林」や「草原」など、その地域に育つ、おもな植物の集団にちなんで名前がつけられている。けれども「砂漠」や「ツンドラ」は、目立った植物がないことからその名前がつけられたんだ。ツンドラは「木のない平原」という意味のフィンランド語からきている。地球上で最大の生物群系といえば海だが、これは、地球の表面の71%を海水がおおっていることを考えれば、当然のことだ。

針葉樹林

海をのぞけば、地球上で最も大きな生物群系は、幅広く帯のように地球を取りまいて広がる針葉樹林だ。これは「タイガ」または「北方林」としても知られている。針葉樹は、冬の間も葉が落ちない木のなかまで、松ぼっくりのような実をつける。北アメリカ、北ヨーロッパ、北アジアの大部分に広がっているのがタイガで、地球上の木の3分の1がこのエリアにある。タイガは、木が生育できる最も北の地域（冬が長く寒く、雪がたくさんふり、夏がとても短い）の針葉樹林なので、そこで見つかる動物は、季節移動をしているか、とてもかしこいかのどちらかだ。

温帯落葉広葉樹林

落葉樹は、気候がおだやかな温帯地域で育つ。温帯の生物群系には、はっきりとした四季がある。ただし、きびしい暑さや凍りつくような寒さにはならない。常緑の針葉樹のなかまであるマツの木の、針のように細い葉とは違い、落葉樹の葉は広くて厚い。落葉樹は秋の終わりに葉を落とし、春までねむったように休んでいる。そして、暖かい時期になると成長する葉の形は、日光をたくさん集めて自分の栄養をつくり出すのにぴったりだ。落葉樹の葉は、アブラムシという小さな昆虫から大きな葉を食べるシカまで、いろいろな動物のおやつになっている。

草原

草原は、大陸の真ん中や大きな山脈を越えた場所、つまり森ができるほど雨が十分にふらない地域に発達している。暑い熱帯にある草原は、サバンナとして知られている。サバンナは熱帯雨林と砂漠の間によく見られ、ゾウやシマウマからライオンやヒョウまで、大きな動物がたくさん住んでいる。温帯の草原はそれよりもすずしく、北米のプレーリー、南米のパンパス、中央アジアのステップがこれにふくまれる。このようなところには、アンテロープやバイソンの群れだけでなく、オオカミや野生のイヌなど、もっと小さい動物も移動しながらくらしている。

熱帯と温帯の違いは？

熱帯の森林や草原は、一年中気温の高い赤道近くに見られる。温帯の森林や草原は、赤道から離れたところに見られる。温帯は、よりすずしい気候で、季節がはっきり区別できる。

砂漠

地球の５分の１は砂漠だ。砂砂漠や岩石砂漠などが、暑い場所にも寒い場所にもある（南極も実は砂漠だ）。共通点は、とても乾燥していること。砂漠には、うまく適応した植物や動物だけが生きられる。ヘビやサソリは砂の下にもぐって暑さをしのぎ、サボテンは、水を求めて地中深く根をのばし、根や茎に水をたくわえている。

ツンドラ

タイガより北には、生物群系の中で最も寒く、風がふきさらし、木が生えない、ツンドラがある。ここで生きられる動物は他よりも少ない。それでも、ホッキョクグマ、トナカイ、そしてたくさんの魚が見つけられる。植物に関しては、岩の表面にはりついているコケや地衣類しかないところもある。

水

水には、あまり興味がわかないかもしれない。でも、もし、水がなかったら、地球上で生き物は生きられない。地球上のすべての水は、何十億年もの間、なくならずにずっとある。次に雨がふるとき、あるいは水道のじゃ口の下で手をあらうとき、その水が何世紀にもわたってどこにあったのか、考えてみよう。

3つの状態（固体、液体、気体）の水がすべて存在する太陽系の惑星は、地球だけだ。地球上の水は、水循環というプロセスで、これらの状態のどれかに姿を変えながら、たえず空と陸と海をめぐっている。この水循環は、太陽の熱エネルギーによって起こっている。雲、雨、川、海は、すべてこの水循環の一部なんだ。

凝縮（凝結）

水蒸気は空高くのぼっていきながら冷やされ、凝縮（凝結）して小さな水の粒になる。水蒸気は気体から液体に変化するときに熱を放つため、水の粒はより高くのぼっていく。空にたくさんうかんだ水の粒（雲粒）が集まると雲になる。

蒸発

大気中の水の90%は、海、湖、川から出たものだ。太陽の熱はこれらの表面の水を蒸発させ、水蒸気とよばれる、目に見えない気体に変える。この水蒸気は暖かい空気といっしょに空にのぼっていく。

蒸散

大気中の水の約10%は、植物の葉から出たものだ。植物は、土から根を通して水をすい上げ、その水の一部が、おもに葉のうら側にある、「気孔」とよばれる小さな穴から水蒸気として出ていく。これを「蒸散」というんだ。

降水

水は、雨・雪・ひょう・凍雨などの形で、空から地表にもどってくる。これらをまとめて「降水」という。雨は、小さな雲粒がたがいにぶつかってくっつきながら、どんどん大きな水の粒になっていき、とうとう重すぎてういていられなくなり落ちてくる。1つの雨粒ができるには、何百万個もの雲粒が必要なんだ。雲粒が冷えると小さな氷の結晶になり、それらが対称性のあるパターンでくっついて雪の結晶に成長する。上空が氷点下ならこれらが雪としてふる。凍雨は氷の粒の雨だ。雪がふる途中で解けて雨となり、地面に落ちるまでの間にもう一度凍ってふるものだ。ひょうは、激しい上昇気流が、雲粒を、雲の中で最も温度の低い上層部までもち上げるような嵐のときに生まれる。ひょう（直径5㎜以上）もそれより小さいあられも、積乱雲の中でできるんだ。

雲の色はなぜ違う？

雲は、太陽の光が水の粒にあたっていろいろな向きに進む方向を変えるため、ふつうは白い色に見える。でも、水の粒が厚く重なると太陽の光をさえぎるので、下から見ると灰色に見えるんだ。

集まってくる水

雨水や雪解け水は地面にしみこんだり、川や湖に流れ落ちて海にもどったりする。高い山では、雪が何世紀にもわたって凍り続けることがあるし、地下水をたくわえた地層は、何千年もたっていることがある。

川

川は、どれもみな、とても長い道のりを旅している。でも、その旅に一つとして同じものはない。これまで、たくさんの探検家が冒険に出かけていき、川がどこから始まっているのか、最終的にどこに行き着くのか、発見してきた。

川は、何千年もかけて、水の流れで周りの地形をけずりながら流路をつくっていく。そして、だんだんと姿を変えていく地形を通りながら、一番無理なく流れる下り道を見つけていく。川の始まりは、ちょろちょろとした小さな流れだ。それが重力に引っ張られて、山や丘から流れ落ちていく。こうした流れが集まって小川となり、より大きい川に流れこむ。そして、ついにはとても大きな幅広い川となる。

1. 川の水源

川の水源とは、川の終点から一番遠い地点のことだ。小さな水の流れがいくつも川に流れこんでいる場合、本当の水源を探し出すのがむずかしいこともある。このような小さな流れの出発点は、ふつう、泉（地中から水がわき出ているところ）や沼地や湖や氷河だ。

3. 氷河

寒い山岳地帯では、毎年、新しい雪の層が古い層をおおい、押しつぶしていくんだ。ときには、かなりの量の雪が集まって押しつぶされ、「氷河」とよばれる、広大な氷のかたまりをつくり出すことがある。氷河は氷でできた巨大な川のようなもので、ごくゆっくりと斜面を下りながら、その下の地面をけずって、独特なＵ字谷をつくる。

2. 谷

谷は、山や丘にはさまれた、周りより低い地形で、何千年にもわたる川の侵食によってできることが多い。山岳地帯では川の流れがとても速いため、岩が激しく侵食され、川底が深くけずられて、急斜面のＶ字谷ができる。もっと低い丘の間にできる谷は、より幅が広く浅くなる。

4. 蛇行

川が低く平らな土地を流れていくにつれ、川幅はますます広くなり、水は川底をけずる代わりに、川岸にあたるようになる。水が川岸の一方を侵食するとき、反対側の岸には上流からの土砂がたまる。こうしてできるカーブが川の両岸に交互に現れ、しだいに川は蛇行する（曲がりくねって進む）。

6. 河口と三角州

川の終点にあたる、川が海に流れこむ場所を、河口という。ただし、川はスムーズに海に流れこまないことが多い。川の流れは海岸近くでゆるやかになり、土砂を置き去りにして積もらせる。このたまった土砂にじゃまされ、水の流れがいくつかに分かれることがあるんだ。こうしてできた小さな川と川の間の陸地が三角州だ。

5. 平野

海に近づくにつれて、川の流れはさらに遅くなり、川の周りに平野とよばれる広く平らな地形ができることが多い。この辺りに来ると、川の水のエネルギーが低くなり、侵食でけずられた土砂が置き去りにされて積もり始めるからだ。大雨の後は、水かさが増した川が土手を越えて周りの土地に広がり、平野を氾らん平野に変えることがある。洪水がおさまったあとは養分の豊かな土が残り、氾らん平野は作物を育てるのに適した土地になる。

何千年もの間、エジプトの人々は、水と養分の豊かな土を作物にあたえるのに、ナイル川の氾らんにたよってきた。

海岸線

海岸線は、海と陸地とのさかい目で、印象的な景色が見られる場所だ。さまざまな要素の働きによって、そして、自然に打ち勝とうとする私たち人間の活動によって、海岸線はたえず形を変えている。

地球上には何十万 km もの長さの海岸線がある。そこでは、静かな砂浜から活気のある港にいたるまで、あるいは、そびえ立つ崖から、低く細長くのびる「砂し」にいたるまで、さまざまな景色が見られる。このような海の近くには、世界の人口の半分近くが住んでいる。港は、重要な交通機関と貿易上のつながりをあたえてくれる場所だ。砂浜は、休日をゆっくり過ごしたり、レジャーを楽しんだりする人たちをひきつける。実は、世界の大都市のほとんどは海岸沿いにつくられている。でも、海岸線は地球上で最も不安定なエリアの１つなんだ。

湾と岬

海の波は、岩でできた海岸線にくり返し打ちつけて、岩をくだいて大きな石にし、それをさらに小石、砂利、砂とだんだん小さくしていく。やわらかい岩は最も速く侵食されるため、もっとかたい岩でできた、侵食されにくい岬と岬の間がけずられて湾ができる。

波はなぜ起きるのか

波は、明けてもくれても、海岸に打ち寄せては、くだけていく。海の波は、海の上をふきぬける風によって生まれる、さざ波なんだ。波の大きさは、風の強さと、風の移動する距離、すなわち、吹送距離（フェッチ）によって決まる。

風が強いほど、また、吹送距離が長いほど、波は大きくなる。だから、遠く離れた海で起きている嵐が、陸までやってくる巨大な波を引き起こすことがあるんだ。波は、浅くなる沿岸の海までくると、海底に押しつけられて頂点が高くなり、大きな音を立てて岸にぶつかる。

崖

石灰岩や砂岩は、侵食や風化に強い。そのような岩は海岸線にそって、巨大な海に立ち向かうような、垂直な崖となって堂々とほこらしげに立っている。でも、そんなかたい岩の崖でさえ、永遠に続くことはないんだ。

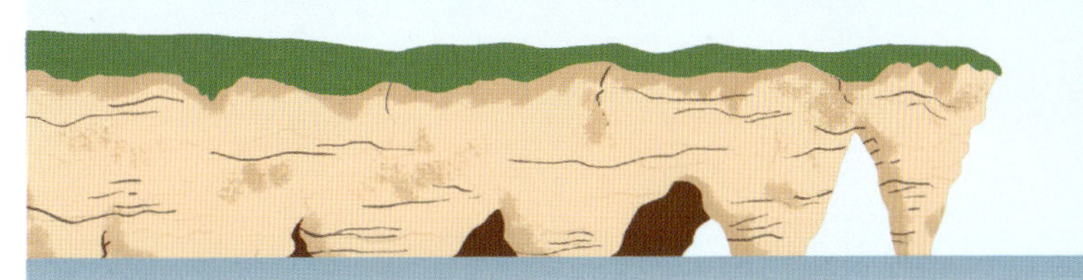

海につき出した岬の下の部分がしだいにけずられて、洞窟ができる

洞窟がえぐられて、アーチができる

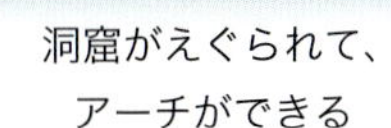

やがてアーチがくずれて、柱が残る

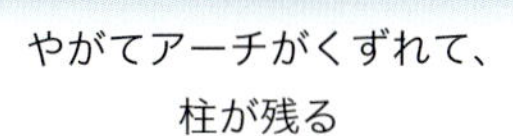

そして、ゆっくりと侵食されて、根元だけが残る

潮の満ち引き

海辺の水面は1日に2回低くなり、2回高くなる。この潮の満ち引きには、月が関係している。月の重力によって海水が引っ張られ、月側とその反対側に海水のふくらみができる。地球の自転によって、海岸がそのふくらみ部分に入ったり出たりすることで、満潮と干潮ができるんだ。

干潮のときには、水位が下がり、砂浜が広く見わたせる

満潮のときには、水位が上がり、海岸線が海水でおおわれる

かくされた歴史

海岸は、私たちの地球の歴史を学ぶのにぴったりの場所だ。大昔の森林・沼・砂漠・植物・動物が、すべて岩石の層や化石として、平らに保存されている。海がやがてその秘密を表にさらけ出すまで、これらは何百万年もの間、地下深いところにかくされているんだ。

プレート

地球の外側は、うすくてこわれやすい殻のような岩盤（リソスフェア）でおおわれている。この殻は、長い年月をかけてわれ、巨大な球形のジグソーパズルのピースのようになった。これらは「プレート」とよばれている。

プレートには、おもに７つの大きなプレートとたくさんの小さなプレートがある。これらは、マントル上部にある、熱くドロドロした岩石層の上に乗っている。地球内部の深いところから上がってくる熱の流れによって、この岩石層が流れるように動くことで、プレートは移動させられている。ときには年に 10cm も動くこともある。たいしたことじゃないと思うかもしれないが、何百万 km もの幅がある広大な岩盤が、ゆっくりとぶつかったり離れたりすることによる影響は、とてつもなく大きいものなんだ。山や谷がどのように形成され、なぜ地震と火山が起こるのか、そして近い将来にどんな大きなできごとが起こるのか。これらを理解するために、プレートテクトニクスという学説が研究されている。

離れ合う境界

離れ合う境界は、発散型境界ともいわれる。ここではプレート同士が離れ（発散し）ていき、そこにリソスフェアの下のマグマが上がってきて、新しくつくられるプレートの材料になっている。ふつう、このような境界は海底に発生し、「リフト」とよばれるわれ目ができる。ときおり、大陸のプレートの境界が「離れ合う境界」になり、陸地を引き離すことがある。たとえば、紅海は、アフリカプレートとアラビアプレートが離れ合ったことで陸地にできた、巨大なリフトだ。

プレートの境界

この地図は、世界のおもなプレートと、それらがたがいに接する境界線（プレート境界）を示している。矢印はプレートが移動する方向だ。プレート境界には、「離れ合う境界」「近づき合う境界」「すれ違う境界」の３つのタイプがある。

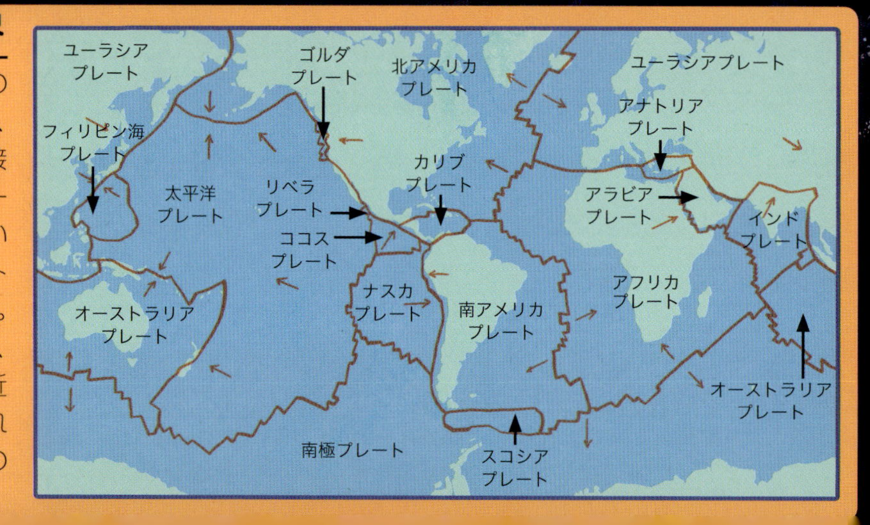

すれ違う境界

すれ違う境界は、接する２つのプレートがたがいにすれ違うようにずれる場所だ。多くの場合、大きな摩擦が起こり、プレート同士がたがいに引っ張りあう力が高まって、大地震につながる。

近づき合う境界

近づき合う境界は、収束型境界ともいい、２つのプレートが近づいてぶつかり、プレートがこわれる場所だ。このような境界線では、地殻が押しつぶし合って山ができたり、一方がもう一方の下に沈みこんで海溝ができたりする。他のプレートの下に無理やり閉じこめられたプレートは、溶けてマグマになる。海洋の地殻は、大陸の地殻よりもうすくて重いので、この２つが出会う境界で下に沈みこむのは、海洋の地殻の方になる。

世界最高峰のヒマラヤ山脈は、インドプレートとユーラシアプレートが衝突した5000万年前に形成され始めた。この２つのプレートは現在もまだ押し合っていて、ヒマラヤ山脈は、今でも１年に7mmの割合で高くなり続けているんだ。

地震

地震はみんな経験したことがあるだろう。地震は気づかないうちに起きていることもあり、地球上では、毎年、何百万回も起こっている。そのうち、人がゆれを感じる強さの地震はおよそ10万回、何かしらの被害が出る強さの地震となると100回くらいだ。大規模な災害を引き起こすほどすさまじい地震が起こる可能性は、1年に1回くらいの割合なんだ。

地震は、地面が突然ゆれる現象で、地球内部の奥深くの動きによって起こる。地震が最もよく起こるのは、プレート境界の周辺だ。そこでは、2つのプレートがたがいに移動しようとしてこすれ合い動けなくなることがあるため、押したり引っ張ったりする力がたまりやすい。そして、ついにたえきれなくなったプレートがこれらの力を解き放とうとする働きによって、私たちが「ゆれ」とよんでいる、地面の振動（地震動）が起こるんだ。

地震が起きたらどうする？

もし、運悪く地震が起きてしまったら、自分を守るためにこんなことをしよう：

- 低くなる—床にふせて低い姿勢をとろう
- かくれる—体を守ろう（机の下に入るなど）
- つかまる—ゆれがおさまるまで、何か（テーブルの足など）につかまろう

低くなる

かくれる

つかまる

地震が起きたときの地球の内部

震央—地震が発生した地点（震源）の真上の地表の点。ゆれが最も強くなる。

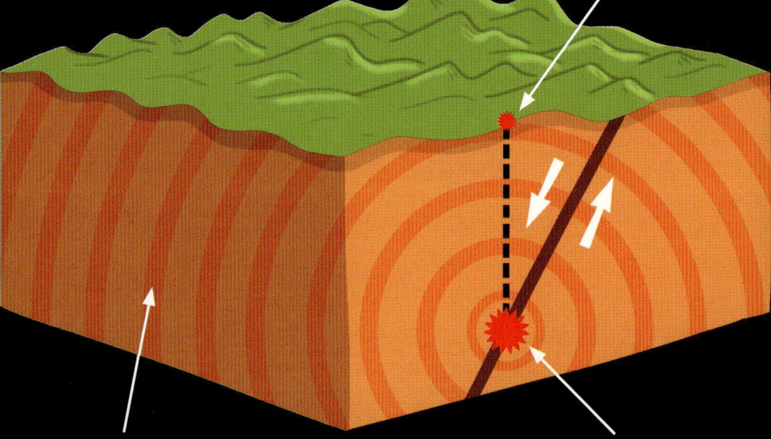

地震波—震源から発生した地震エネルギーの波。震源から遠ざかるほど弱くなるが、遠い地点でもゆれを引き起こし、被害をもたらす。

震源—地下深くの地震が発生した点。ここで押す力や引っ張る力が急に解放される。

地球内部を知る手がかり

科学者たちは、地球の内部をもっとくわしく学ぶために地震を研究している。地震の震源は地下100kmを超えることもある。地震波は、地球内部を伝わるとき、通る場所の物質のかたさによって、スピードが速くなったり遅くなったりする。科学者たちはこの情報を利用して、地球内部が何でできているかを解き明かしているんだ。

地震の強さ

小さな地震は、長くとどろく雷のように感じ、身の周りのものを小きざみにゆらす。大きな地震は、突然、強い衝撃を感じ、すぐに強いゆれが続く。科学者は、地震計とよばれる機械でゆれを測定することによって、地震の強さを計算している。各地のゆれの強さ（震度）ではなく、地震そのものの強さは「マグニチュード」という。1から10までの数字で表される。マグニチュードが1増えると、地震のエネルギーは32倍になる。

津波

地震の震源が海底の地下にある場合、地震波がジェット機と同じくらいの速さで海を伝わって、巨大な波がいくつも押し寄せることがある。波が海岸近くまでやってくると、浅いところの水が30m以上の高さまで押し上げられる。これは、10階建ての建物くらいの高さだ。このような波は津波とよばれ、内陸に10km以上も入ってくる場合があり、流れこむエリアにあるものをまきこんでこわしていく。

火山

切れ目なく流れる、ものすごく熱い溶岩流。突然起こる、火山灰や火山ガスやマグマの爆発。火山は、私たちが立っている地面の下の奥深くが、おだやかに落ち着いている状態とはまったくかけ離れていることを思い出させてくれる。

地球の地殻の下には、マントルとよばれる、とても高温の岩石の層がある。マントルは周りからの強い圧力によって固体の性質が保たれている。でも、ときどき、その圧力が解き放たれ、液体のようにドロドロした岩石（マグマ）が地殻を通って地表ににげ出してくる。この場所が火山なんだ。マグマは、地表に達すると、溶岩とよばれるようになる。ほとんどの火山は、プレート境界にできている。そこはプレート同士がたがいにこすれ合う場所だ。過去1万年以内に噴火したことがあり、再び噴火する可能性が高い火山は、活火山とよばれている。数千年もの間、静かにしていた山でも、突然目を覚ましたように激しい火山活動を始めることがあるからだ。

ホットスポット

プレート境界から離れたプレート内部でも、マントルが上昇するホットスポットの真上に火山ができることがある。ホットスポットの位置はそのままだが、プレートは動き続けるため、長い年月の間に火山島ができる場所がずれていき、一列にならぶ。ホットスポットから一番遠い火山が一番古いんだ。

死をまねく灰

紀元79年、ローマ時代のイタリア南部でヴェスヴィオ山が噴火したとき、ものすごい量の岩や灰がふり、ポンペイの町と約2,000人の住民が完全にうもれてしまった。小プリニウスとよばれる人が、そのできごとをくわしく文章に書き残したので、このタイプの噴火はプリニー式とよばれている。

成層火山

円すい形の火山は、成層火山とよばれる複成火山だ。これは、同じ噴火口から噴火がくり返され、溶岩や火山灰やその他の物質が層のように積み重なってできた火山なんだ。マグマによってつくられた通り道は火道という。火山によっては、頂上の火口部分に大きな円形のくぼみがある。これは、地下に閉じこめられたマグマが爆発して出ていった後にからっぽの巨大な穴ができたとき、そこに地表が落ちこんでできる。

いろいろな火山や噴火

すべての火山は、地表にある、マグマの出口だ。それが起こる要因はいろいろある。ここでは、おもな火山や噴火のタイプを紹介しよう。

成層火山は、プレート同士が押し合う、収束型境界にできる。

楯状火山は、プレート同士が離れ合う、発散型境界にできる。

われ目噴火は、地殻の長いわれ目にそって起こる。そこでは一列にマグマがふき出し、火のカーテンのように見える。

スパター丘は、斜面が急な丘になっている低い火山だ。溶岩のしぶきが火口近くに飛び散ってできる。

プリニー式噴火は、特に強力で爆発的な噴火で、火山ガスと火山灰が空高く柱のようにふき出す。

山

そろそろ、地球上で最も寒く、最も挑戦しがいのある場所を探検しに行こうか？　それにはまず、最新の登山用具と保温性のある下着、それに数カ月のきびしいトレーニングが必要だ。それでもまだ、高い山の頂上にはたどり着けないかもしれない。なだれ、猛ふぶき、厚い霧、こごえるような寒さ、行く手をじゃまするものは、これだけじゃない。

山に高くのぼるほど、気温は低くなっていく。1,000m 高くなるごとに気温は 10℃低くなるんだ。その結果、1 つの山にはっきりと区別できるいくつかの生態系が見られるようになり、さまざまな植物や動物がさまざまな条件に合わせて生きている。山は、そこだけの天気をつくり出すことさえできる。空気を山の上に押し上げると、空気が冷えて凝縮（凝結）が起こり、雨雲ができる。そうなれば、あっという間に嵐のまっただ中だ！

フェーン現象

多くの場合、山には、しめり気の多い側と乾燥した側がある。しめり気が多いのは、ふつう、風上側だ。しめった空気が山の斜面をふき上がり、山を上りながら雲ができて雨がふる。風上側で雨をたくさんふらせたため、山を越えた風下側には乾いた空気がふき下り、とても乾燥する。アメリカのデスバレーという砂漠は世界一暑く、また、ものすごく乾燥していることでも世界で指おりの場所だ。

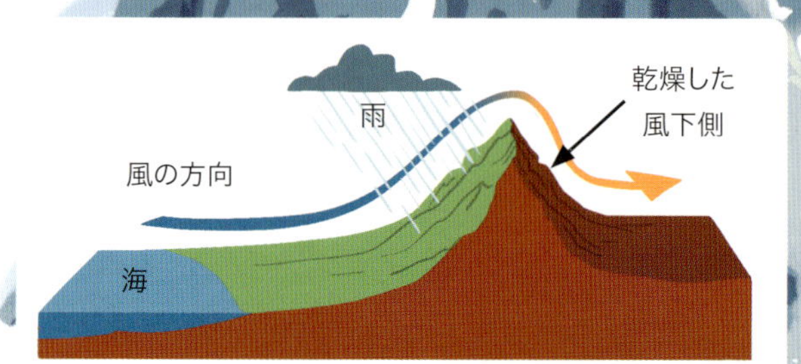

どれくらい高い？

海面から出ている山で、世界で最も高いのは、ヒマラヤ山脈のエベレスト山。空に向かって、8km 以上（8,848m）もそびえ立っているんだ！海面より下も考えれば、地球上で最も高い山は、ハワイ島の火山、マウナ・ケア山だ。ふもとから頂上までは 10km 以上あるけれど、山の大部分は海の中にかくれている。

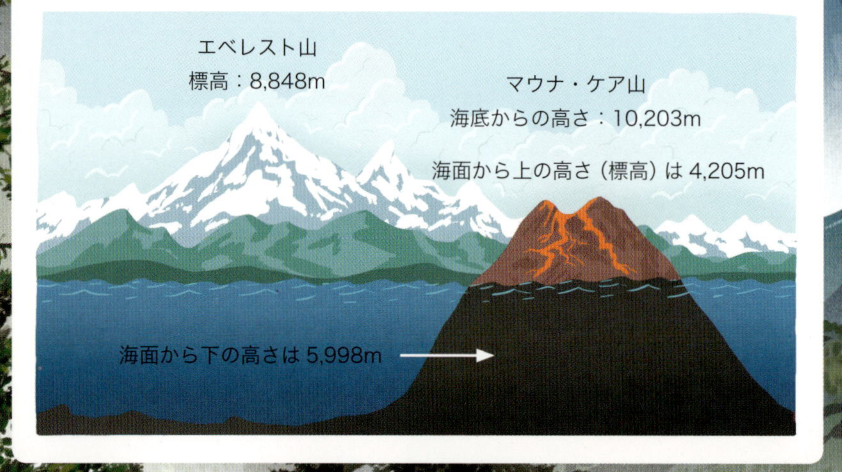

安全な場所

山が、ある動物にとって危険で住むことができない場所であれば、別の動物にとっては安全な避難場所になる。アイベックスのような野生のヤギは、わざわざ、垂直に切り立った崖で子どもを育てている。そんな場所でも、とてもすばやくあぶなげなく歩くアイベックスは、えものを探す山のオオカミやキツネからにげ切ることができる。また、ハヤブサは、卵やひなを捕食者からねらわれないように、だれも近づけないほど高い岩場にわざわざ巣をつくっているんだ。

森林限界より上の世界

山々はたくさんの木で囲まれていることが多い。しかし、高い木が育つことができず、木のほとんどない山岳地帯が始まる境界線を、森林限界（または、樹木限界、高木限界）という。この境界線より上では、よりきびしい山の環境が始まり、低い木だけが生き残れる。風はさらに強くなり、空気はもっと冷たくなって、晴れた日にははるか遠くまで見わたせる。

山のでき方

山は地球のプレートの動きによって形づくられる。おもに５つのタイプがある。

①火山性山地は、噴火によってできた山だ。溶けた岩（溶岩）が噴火口から噴出し、それが冷めて岩の層となって積み重なり、だんだんと高くなって、噴火口付近が頂上になる。タンザニアのキリマンジャロや日本の富士山が有名だ。

②しゅう曲山地は、プレート同士がたがいにぶつかって、地殻に巨大なしわ（しゅう曲）ができることによって形成される。世界一長い山脈は、このたくさんのしわでできた、南アメリカのアンデス山脈で、その長さは 7,000km 以上にもおよぶ。

③地塊山地（断層山地）は、力が加わることでできた断層（地殻にできた長いわれ目）にそって、その両側のブロック（地塊）がずれることによって形成される。アメリカのシエラネバダ山脈がよい例だ。

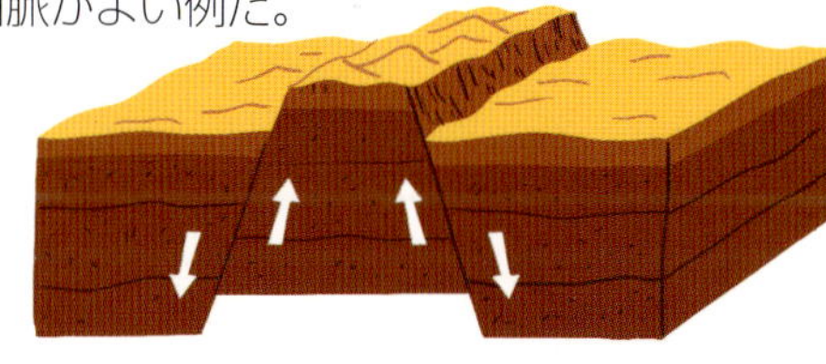

④ドーム状山地（ラコリス）は、マグマが地表に出ずに地中でふくらんで地層を押し上げるとき、このマグマが冷えてできるドーム型の大きな岩のかたまりだ。

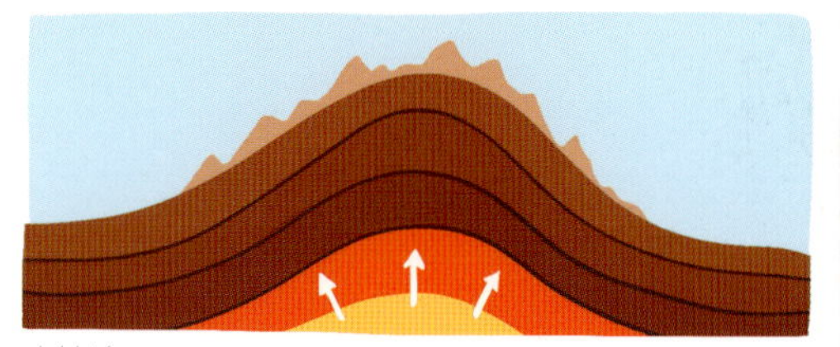

⑤侵食山地は、川が水の通り道を深くけずることによって形成された、平らで広大な岩の台地だ。２つの水の通り道は深い谷となり、その間にテーブルのような形の高地が残る。

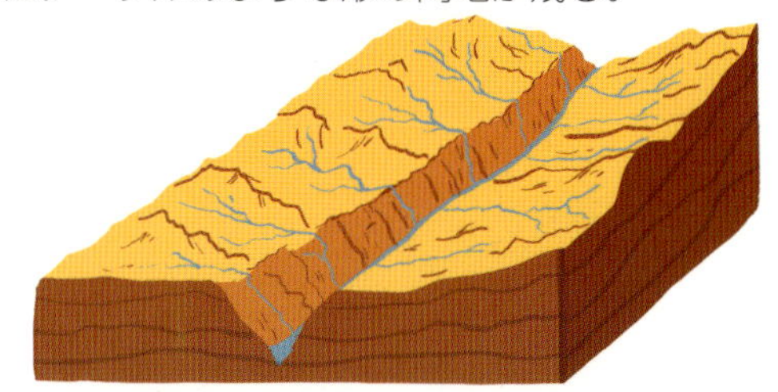

人間がおよぼす影響

地球の長い歴史の中で、人類が存在してきた期間は、ほんのわずかでしかない。45億年のうちの20万年だけだ。それにもかかわらず、その短い間に、私たちは地球の表面を変化させてきた。

200年前、世界の人口は10億人だった。でも、現在では70億人以上になっている。おどろいたことに、私たち人間が生きている場所は、地球の陸地の3%足らずだ。なのに、私たちの行動は、陸地の80%以上に影響をおよぼしている。

森林

人類は、地球に現れて以来、森林の木を切り始めた。そのせいで、地球は半分以上の木を失ってしまったんだ。現在、森林がおおっているのは地球の陸地表面の3分の1となり、今もなお森はこわされ続けている。私たちが失いつつあるのは、森林だけじゃない。森林地帯で生きている動物や植物も失いかけているんだ。

町や都市

夜、宇宙から地球を見下ろせば、光がちりばめられているように見えるだろう。世界の人口の半分以上は都市部に住んでいる。現在、地球には37のメガシティ（人口1,000万人以上の巨大都市）があり、たえず増え続けている。道路と鉄道の巨大ネットワークが、私たちの町や都市、さらには、国境を越えて国や大陸を結んでいる。それと同時に、空には飛行機が飛び回っている。アメリカだけでも同時に5,000機以上が飛んでいるんだ。乗り物から排出されるガスは、大気中の温室効果ガスを増やしている。

原材料

私たちが使うものの原材料は、自然界のものだ。たとえば、プラスチックは石油から、紙や段ボールは木材から、レンガは粘土からつくられている。木はもう一度植えることができるけれども、ほとんどの原材料は新しいものに簡単にはとりかえられない。化石燃料は、数百万年以上かけてできあがったものなので、「再生不能」といわれている。地球の天然資源を使い切ってしまったら、将来は今とはまったく違う生活をしなければならないか、さもなければ、資源を求めて他の惑星を乗っ取らなければならないだろう。

農業

農業は何千年も続いているものとはいえ、近代的な方法は土地にとっては特に有害なことが多い。大規模な畑、飛行機からの農薬散布、重い農業機械などはすべて、自然界の野生生物をほろぼすことにつながる可能性がある。でも、地球上の人間が増えるということは、食べ物を食べる口の数が増えるということだ。地球を守りながら、十分な量の食べ物ができるように作物を育てるということは、そう簡単なことじゃないんだ。

よい影響をあたえよう

人間は、地球によい影響をあたえ、世界をもっとよくすることもできる。いくつかの例をあげてみよう：

- 古い採石場は自然保護区にすることができる。
- 絶滅の危機にある動物を保護して、もう一度、野生で生き残れるようになるまで世話をすることができる。
- もっとたくさんの木を植えたり、自然の牧草地を増やしたりすることができる。
- 新しい技術とアイデアによって、人々がものを燃やすのをやめられるようになる。

自分の周りの世界によい影響をあたえられる方法として、ほかにどんなことがあるだろうか？

汚染

人間は、とんでもなくたくさんの廃棄物を生み出している。今日ゴミ箱に投げすてたもの、トイレで流したものを思い出してみよう。今日乗った乗り物から出た排出ガスも廃棄物といえる。それに、家を暖かくしたり、お湯をわかしたり、電気をつくり出したりするときに出る、排出ガスもある。

汚染は、私たちを取りまく自然界が、廃棄物や化学物質などの有害物質によって汚されたとき、起こるものだ。すべての廃棄物が有害なわけではないし、安全な処理方法もある。でも、私たちが廃棄物をたくさん生み出すほど、コントロールするのがむずかしくなり、地球にもっと害をおよぼすようになるんだ。

大気汚染

工場、発電所、道路を走る自動車、そして燃える火は、すべて、空気を汚染するガスを出している。空気が汚染されていると、動物や人間が呼吸しづらくなる。これらの排出ガスの中には、大気中に増えてしまうと地表を温めた太陽の熱をより多く閉じこめて、地球を温暖化させるものがある。また、大気中の水の粒にくっついて、「酸性雨」とよばれる、木々や魚に有害な雨の一種になることもあるんだ。

ゴミ

私たちが出すゴミの大部分は、燃やされるか、土の中にうめられる。でも、ゴミを燃やせば、有害な排出ガスが出るし、ゴミをうめれば、そのうちにうめる場所がなくなってしまう。最大の問題はプラスチックだ。ペットボトルが分解して土の一部になるには、何百年もかかる。一番の解決方法は、プラスチック製品を使うのを減らすこと、そして、使ったプラスチック製品をリサイクルすることだ。

水質汚染

私たちがトイレで流す廃棄物は、汚水（下水）といわれる。適切に処理されれば、何も混ざっていない水を川や海に安全に返すことができる。でも、処理をしないままの汚水は、水質汚染を引き起こし、病気を広げてしまうんだ。水質汚染のおもな原因には、ほかに、工場や農場から出される有害な化学物質や、海洋に吸収された空気中の二酸化炭素もふくまれる。

汚染物質が海の酸性化を進ませ、美しいサンゴ礁の大部分が死につつある。

前向きにいこう

将来にまったく希望がもてないわけじゃない。確かに、人間は地球汚染の“犯人”かもしれない。でも、私たちが地球にどれほど害をおよぼしているかを知れば知るほど、自分たちの習慣をより一層見直すことができ、将来、地球をよりよい場所にすることができる。

地球を救おう

地球は私たちの家だ。そして、太陽系でたった1つの、生き物で満ちあふれた惑星だ。地球上の生き物が、数百万年先まで繁栄できるように、地球は大事にされ、保護される必要がある。

そうするために、私たちには、化石燃料を燃やしたり、大気中に排出ガスを出したりしないようにすることが求められる。また、私たちが使う原材料を他のものにかえたり、リサイクルしたりすることによって、地球の天然資源を保護しなければならない。自然環境を保護し、野生生物が生きられるように、それぞれに生育場所をあたえることも必要なんだ。とても重要なのは、世界中の国々が地球を守る法律に同意して協力する必要があるということ。それはむずかしいことではあるけれど、不可能なことじゃない。

環境にやさしいクリーンエネルギー

電気をつくったり、乗り物を動かしたりするのに、石炭や石油を燃やす必要はない。太陽、風、潮の満ち引き、川の急な流れなど、代わりとなるエネルギー源は数多い。どれも汚染を引き起こさない、再生可能なエネルギーの源だ。

生活スタイルを変える

毎日の生活の中で、たとえ小さな変化でも、これまで生み出してきた汚染の量を減らすのに役立つことがある。バスや自動車で出かける代わりに、歩いたり、自転車に乗ったりしてみよう。輸送のために使われる乗り物から出される排出ガスを減らすために、食べ物は自分の住んでいる場所の近くの農地で育ったものを買おう。暖房のスイッチを入れる代わりに、上着を1枚着よう。これくらいのことを変えたくらいで、物事がよくなるなんて思わないかもしれない。でも、もし、地球上のすべての人々が同じことをやったら、って想像してみよう。そうしたら、本当に世界は変わるだろう。

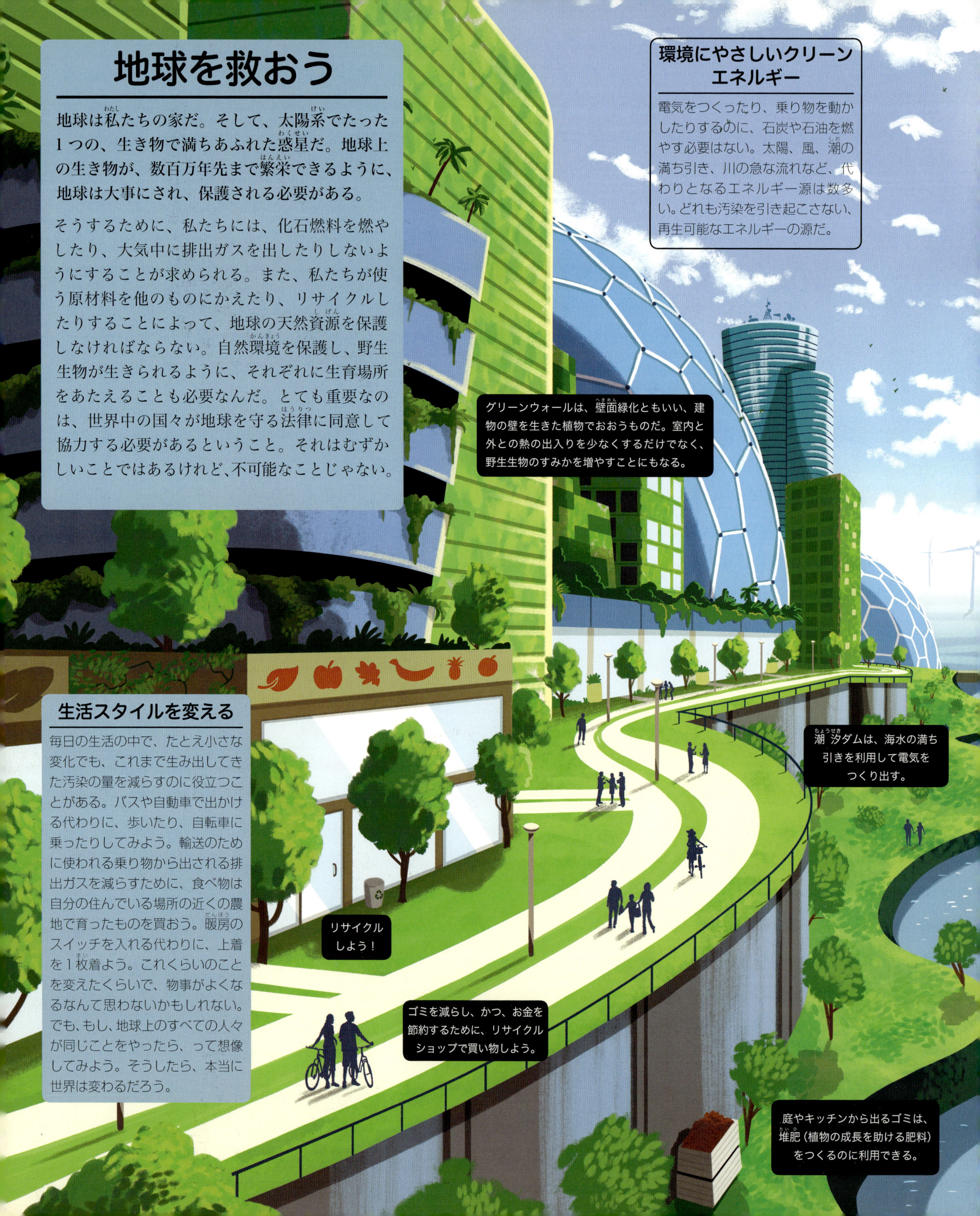

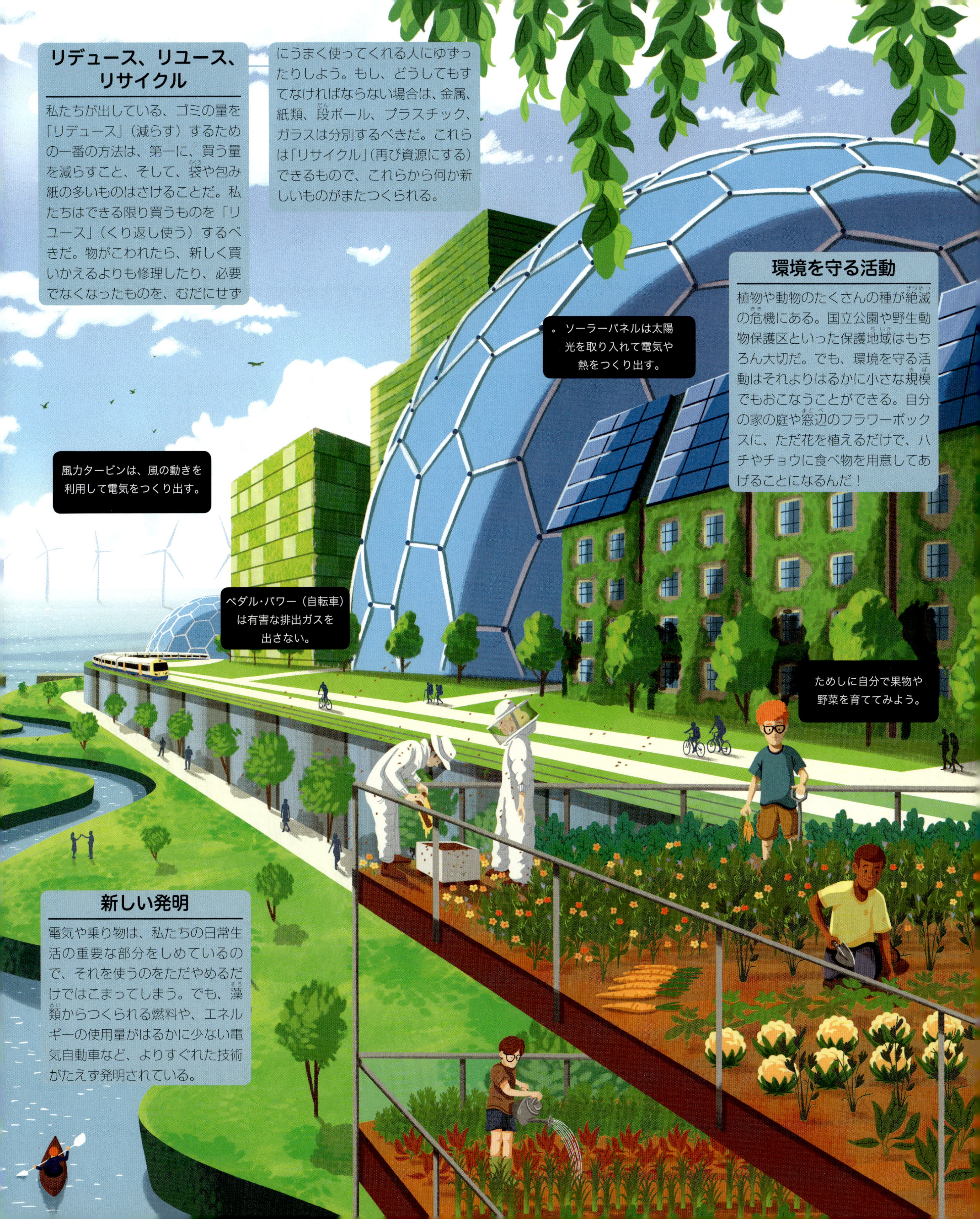

リデュース、リユース、リサイクル

私たちが出している、ゴミの量を「リデュース」（減らす）するための一番の方法は、第一に、買う量を減らすこと、そして、袋や包み紙の多いものはさけることだ。私たちはできる限り買うものを「リユース」（くり返し使う）するべきだ。物がこわれたら、新しく買いかえるよりも修理したり、必要でなくなったものを、むだにせずにうまく使ってくれる人にゆずったりしよう。もし、どうしてもすてなければならない場合は、金属、紙類、段ボール、プラスチック、ガラスは分別するべきだ。これらは「リサイクル」（再び資源にする）できるもので、これらから何か新しいものがまたつくられる。

環境を守る活動

植物や動物のたくさんの種が絶滅の危機にある。国立公園や野生動物保護区といった保護地域はもちろん大切だ。でも、環境を守る活動はそれよりはるかに小さな規模でもおこなうことができる。自分の家の庭や窓辺のフラワーボックスに、ただ花を植えるだけで、ハチやチョウに食べ物を用意してあげることになるんだ！

新しい発明

電気や乗り物は、私たちの日常生活の重要な部分をしめているので、それを使うのをただやめるだけではこまってしまう。でも、藻類からつくられる燃料や、エネルギーの使用量がはるかに少ない電気自動車など、よりすぐれた技術がたえず発明されている。

ワクワク
探検シリーズ

② かけがえのない地球

2018年12月17日　初版1刷発行

文　ジョー・ネルソン
絵　トム・クロージー・コール
訳　上原昌子
（翻訳協力　株式会社トランネット）

DTP　高橋宣壽

発行者　荒井秀夫
発行所　株式会社ゆまに書房
東京都千代田区内神田 2-7-6
郵便番号　101-0047
電話　03-5296-0491（代表）

ISBN978-4-8433-5406-3 C0344

落丁・乱丁本はお取替えします。
定価はカバーに表示してあります。
Printed and bound in China